最拿得出手的
超人气手作礼

Moya 著

农村读物出版社

图书在版编目（CIP）数据

最拿得出手的超人气手作礼 / Moya著. — 北京：
农村读物出版社，2012.3
（逆生长慢生活）
ISBN 978-7-5048-5572-5

Ⅰ．①最… Ⅱ．①M… Ⅲ．①手工艺品－制作 Ⅳ.
①TS973.5

中国版本图书馆CIP数据核字(2012)第033556号

著作权合同登记号： 图字01-2012-0624号

策划编辑	黄 曦	
责任编辑	黄 曦	
设计制作	北京朗威图书设计	
出 版	农村读物出版社（北京市朝阳区麦子店街18号　100125）	
发 行	新华书店北京发行所	
印 刷	北京三益印刷有限公司	
开 本	787mm×1092mm　1/24	
印 张	5	
字 数	120千	
版 次	2012年3月第1版　2012年3月北京第1次印刷	
定 价	26.00元	

（凡本版图书出现印刷、装订错误，请向出版社发行部调换）

序

手作的热情与温暖

手作，让我找到灵魂最深处那块柔软温暖的地方。

常有人问我，为什么会疯狂爱上手作？手作是哪点深深吸引我？

是日式达人般专注奉献的纯粹精神？是做出美丽作品的得意成就感？还是抒发压力后的畅快感？

我总是眨着眼说："我享受用心为某个人设计制作专属于他、世界上独一无二的礼物；我喜欢看到他收到礼物时的惊喜欢笑。"笑逐颜开那一瞬间的光采，是相机捕捉不到、却能永远印在心里的。

手作的温暖不在复杂费工的变化，也不需要精纯的技艺，需要的不过是满满的心意与浓情。只要带着温暖的心、满溢的热情，即使是简单的作品与设计，也蕴含永久的回忆。

我相信我是幸运的，除了能兼顾白天的专业，还能在业余保有一个"让我每天都开心跳着起床"的兴趣嗜好。我也期许自己，能够永葆这股燃烧灵魂的火，将热情与活力不停传送鼓舞身边的每个人。

希望"Moya美式乐活手作包"已经为您的人生开了另一扇窗、看见不一样的风景；希望这本书能让您更用心品味人生道路上的鸟语花香、珍惜着种种最细微的感动。

谨将本书献给我身边最亲爱的家人与朋友，谢谢你们一路的支持与帮助，没有你们的相伴，我的人生不会如此精彩与圆满。

Moya

contents
目录

第 **2** 章

11　甜蜜宝贝礼

12　爱的脚丫丫

13　逗趣小精灵娃娃帽

13　小神童认字布书

14　生日挂饰

14　一天大一寸花仙子身高尺

15　防缺嘴餐垫围兜组

15　呷饱饱围兜兜

16　OOXX游戏毯

16　几何立体游戏毯

17　小超人包巾

17　摇铃球

18　ABC布玩具

18　兔子手摇铃

19　躲猫猫玩具收纳袋

20　神力女超人妈妈袋

20　无敌铁金刚爸爸袋

21　奶瓶奶嘴尿布袋三件组

22　可收纳充气尿布垫

23　小赛车手婴儿被

24　花园婴儿被

第 **1** 章

7　最简单的工具

第**4**章

33　幸福交换礼

34　城市防水包

34　反光小折包

35　"巫婆"遛狗包

35　遛狗小包

35　散步去项圈拉绳

36　帅帅双面狗雨衣

36　刷刷毛骨头垫

37　好命狗懒骨头床

38　普普风男用笔记本

38　彩色铅笔卷

39　迷你电脑包

40　神奇袋中袋

40　腰真瘦布腰带

41　裁缝师工作围裙

41　拼布工具腰挂

42　多功能缝纫工具篮

43　绿手指园艺工具包

44　爱心暖暖抱枕

第**3**章

25　温馨生活礼

26　春满伊甸盆栽套

26　"蝶蝶"不休布告栏

27　真品味CD挂袋

27　花朵脚踏垫 / 爱心脚踏垫

28　不乱丢摇控器收纳挂

28　随手放床边挂

29　衣橱精灵衣架挂

29　悠闲好时光——抱枕、沙发毯

30　青春床组

31　毛巾浴巾踏垫组

31　乖乖放好16格卫浴挂

32　车用垃圾吊袋

第5章

45　疯手作

46　车缝技巧
52　五金工具
54　作品步骤示范
54　奶瓶袋
55　尿布包
56　奶嘴套
58　爱心暖暖抱枕
60　迷你电脑包
63　神奇袋中袋
67　爱的脚丫丫
68　双面防水围兜兜
70　防缺嘴餐垫
71　腰真瘦布腰带
71　呷饱饱围兜兜
72　小神童认字布书
74　小超人包巾
75　兔子手摇铃
76　神力女超人妈妈袋
78　可收纳充气尿布垫
80　无敌铁金刚爸爸袋
82　春满伊甸盆栽套

84　"蝶蝶"不休布告栏
85　花朵脚踏垫
86　不乱丢摇控器收纳挂
87　毛巾浴巾踏垫组
87　生日挂饰
88　衣橱精灵衣架挂
89　普普风男用笔记本
90　反光小折包
93　散步去项圈拉绳
94　城市防水包
96　"巫婆"遛狗包
98　遛狗小包
98　帅帅双面狗雨衣
100　好命狗懒骨头床
102　刷刷毛骨头垫
104　裁缝师工作围裙
106　彩色铅笔卷
108　拼布工具腰挂
110　多功能缝纫工具篮
111　绿手指园艺工具包
113　一天大一寸花仙子身高尺

113　OOXX游戏毯
113　几何立体游戏毯
114　花园婴儿被
114　小赛车手婴儿被
115　悠闲好时光
　　　——抱枕、沙发毯
115　爱心脚踏垫
116　青春床组
117　其他手作文字作法

第1章

最简单的工具

快速、简单的机缝，不需准备太多工具，
就能开开心心玩手作！

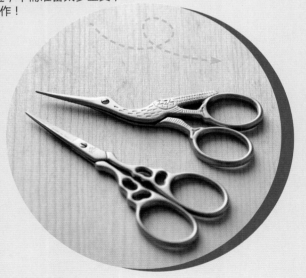

❶ 裁垫

市面上有各种款式可供选择，一般较受欢迎的尺寸为45厘米X60厘米。而裁垫的好坏，决定于层面结构，表面的软质层可自动愈合，让刀片在切开布料时不易滑动，也不会留痕迹。而中间的硬质层结构可让裁垫不易破裂。

❷ 大小裁刀

配合裁尺可以快速、平稳地裁切出所需的布块。有安全固定纽，可更换圆型刀片。其圆型刀片的尺寸，大致上分为四种，以拼布而言，最适合布、辅棉、内衬等各种柔软材质裁切的尺寸为45毫米的裁刀片。

❸ 裁尺、缝份尺、定规尺

裁尺为方格记号的透明尺，与裁刀、裁垫搭配使用裁切布片，市面上有各种长度可依个人需求购买使用。格线最小单位为5毫米；上面亦有30°、45°与60°的斜线方便裁切特定角度布块。

缝份尺、定规尺为有直线号的5厘米宽透明尺，每条直线代表着各种不同宽度的缝份，最小为0.3厘米。

❹ 拼布用剪刀

为剪布不可少的工具之一，为了保证剪布时可以有一刀到底的锋利，裁布剪刀严禁拿来剪纸或是空剪，这样很容易伤到剪刀，使剪刀变钝。

刺绣剪、线剪：方便剪线头和细微处。

❺ 强力夹

用来替代珠针的方便夹，不会扎手，布料厚一点也可以牢牢夹住。

❻ 机缝专用安全别针

和一般常用的别针不同！材质为可弯曲型的安全别针，用来固定表布、辅棉、衬布三层做压缝时，代替疏缝用。拆除时也不会弄破布片。

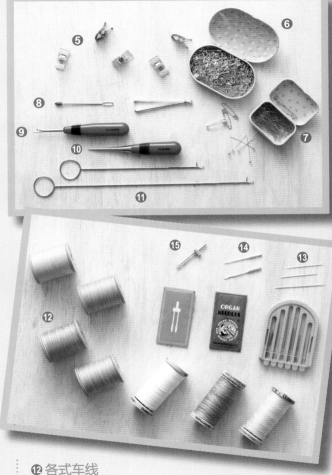

❼ 车缝用珠针

为拼布最基本的固定布片工具，软针设计，在使用缝纫机车缝时也可安全通过。

❽ 穿带器

使用穿带器夹住松紧带、棉绳等，使其不易松动，轻松穿过布面设定的位置。

❾ 拆线器

扁平的设计，可轻松挑开缝线，拆除缝坏的针目或用来开扣眼。

❿ 锥子

尖头设计，可刺穿布料，也可作为辅助车缝时推送布料用，或是调整布片连结的角度。

⓫ 返里针

利用小钩钩的设计去钩住布片，再将布条翻至正面。搭配不同角度的布条，返里针也有长短之分。

⓬ 各式车线

车线有粗、细之分，需要依照布料、厚薄更换车线，避免断线或跳针。

⑬ 综合手缝针

　　丛最小针目贴缝用的针，到最大针目的疏缝针、乡花针。都可依布料的厚度或是线的粗细来决定针号的大小。

⑭ 车针

　　一般布料、厚布料、薄布料、皮革、丝质料等各种材质所使用的车针都有不同，尤其是车厚布料，如丹宁布或皮革片都要特别注意，否则很容易断针。

⑮ 双针

　　需配合缝纫机的功能，大部分会用到变针都是以装饰性的压缝为主。

⑯ 缝份圈

　　一般缝份圈有四个，分别为3毫米、5毫米、7毫米、10毫米。藉由中间的凹槽设计，可方便我们画出相等分的缝份，不用自己再另外测量连接缝份线了。

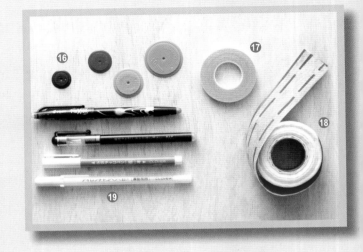

⑰ 水溶性双面胶

　　布用的双面胶，像是固定片与片的结合或是拉链等，可在车缝前先固定，以方便制作，使车缝更加平顺。

⑱ 轨道衬

　　运用于编织布片时使用的纸衬，贴于布条上，可快速地折出布条。

⑲ 记号笔、水消笔、热消笔

　　可依个人喜好及使用习惯来选用记号笔。水消笔，遇水就消失，仅能做暂时性的记号笔来使用。热消笔，像摩擦笔，加热即可消失。

第2章

甜蜜宝贝礼

可爱的小天使是上帝派来的信差。
接到这个甜蜜的信息，
就要快点准备哦！

爱的脚丫丫

胖乎乎的小脚丫，
就要迫不及待地跨出第一步。
一双舒适又好看的小鞋鞋，
让爸爸教你绑鞋带，
我们要慢慢来，
享受这爱的时光。

作法：P67

逗趣小精灵娃娃帽

文字作法：P117

小神童认字布书

作法：P72

生日挂饰

吃蛋糕、吹蜡烛，看爸爸妈妈为我准备的生日派对，我可要好好玩哦！

作法：P87

一天大一寸 花仙子身高尺

把拔（爸爸）……我什么时候才能长得跟你一样高？嗯……不可以偷偷踮脚尖哦！

图样：P113

作法：P70
P71

防缺嘴餐垫围兜组

围上可爱动物图案的
围兜兜，陪着宝宝一
起吃点心。

呷饱饱围兜兜

OOXX游戏毯

算算谁的OO比较多？
我用XX跟你换好不好～

作法：P113

几何立体游戏毯

文字作法：P113

小超人包巾

想像力是我的超能力，披上包巾，我会飞！我要去拯救全世界！

作法：P74

摇铃球

训练宝宝动作反应和听觉的第一颗球。我丢……咦？哥哥、妹妹你们到底在找什么啊？

ABC布玩具

26个字母全到齐，A、B、C、我的名字要怎么拼呀？

B像不像大眼镜？还是W比较像老爷爷的胡子呢？

兔子手摇铃

作法：P75

躲猫猫
玩具收纳袋

妈咪说：自己收玩具才是乖小孩！

作法：P98

神力女超人
妈妈袋

妈咪，你真是太神奇了！
袋子里怎么可以变出所有我要的东西呢？

作法：P76

作法：P80

无敌铁金钢爸爸袋

奶瓶奶嘴尿布袋
三件组

　　轻巧、方便、保温，新手妈咪总是忙着张罗着宝贝需要的东西。

　　身为好朋友，除了送上最诚心的祝福外，这实用的宝贝三件组，可是大大好用啊！

作法：P54

甜蜜宝贝礼

可收纳充气尿布垫

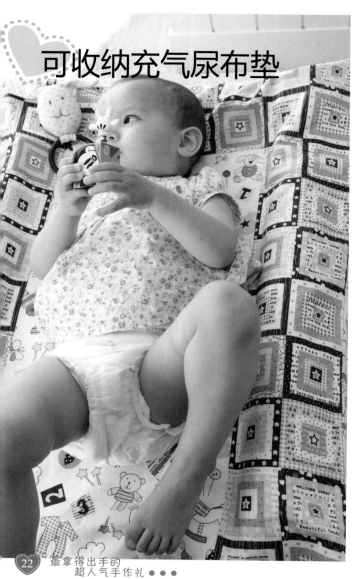

外出时帮宝贝换尿布总是不方便，一个可充气的尿布垫，加上方便折叠的可爱收纳袋，让换尿布也可以很可爱很享受哦！

作法：P78

小赛车手婴儿被

哇！是我最喜欢的车车！
小被被上竟然还有赛车场呢！

附表布配置图：P114

花园婴儿被

我被爱的花园给包围住了！
有妈妈的香香味道。

附表布配置图：P114

第**3**章

温馨生活礼

为了圆一个家的梦想，我动手制造幸福！
身为你们的好朋友，放心！礼物我都准备
好了，带着满满的祝福，诚心献上。

春满伊甸盆栽套

盆栽也要换新衣，
为花花草草添点新意。

"蝶蝶"不休布告栏

你说的，我想的，将生活中的点点滴滴，变成墙上的装饰品。

作法：P84

作法：P82

真品味CD挂袋

将CD分门别类收纳，最爱听的音乐就放在显眼的地方吧！

作法：P119

爱心脚踏垫

附表布配置图：P115

花朵脚踏垫

花朵、爱心造型的脚踏垫，让单调的地板也有生气。

作法：P85

不乱丢遥控器收纳挂

各式遥控器都乖乖归位，再也不怕找不到！

随手放床边挂

作法：P86

衣橱精灵衣架挂

作法：P88

为自己量身打造衣物收纳架，可吊、可挂；还可以收纳贴身衣物，让衣橱不再乱糟糟！

悠闲好时光
——抱枕、沙发毯

附表布配置图：P115

青春床组

愿孩子们这辈子都有勇气、有信念、有决心、有友谊、有温暖、还有爱!

附表布配置图:P116

乖乖放好
16格卫浴挂

文字作法：P118

毛巾浴巾踏垫组

作法：P87

车用垃圾吊袋

既然有台好车，就要有品味相当的小配件。虽然只是垃圾袋，也要兼顾美观与环保。

文字作法：P119

第4章

幸福交换礼

用我的礼来交换你的心，我们要一直幸福地走下去哦！

城市防水包

清爽的包款搭配大气的花样，身为现代潮男的代表，包包不能一味的黑灰色系。别太迷恋帅到不行的我哦！

作法：P94

反光小折包

作法：P90

个性黑白配，加上创意反光条，即使晚上骑车，也能闪闪发光，街头遨游我最神气！

作法：P95

"巫婆" 遛狗包

臭小子，敢说你姐是巫婆？皮在痒了？

散步去项圈拉绳

我最喜欢跟姐姐出门散步玩耍了！只是每次姐姐都帮我换花不溜丢的项链拉绳，很丢我男性的脸呢！

哎哟！我的朋友会不会笑我啊？

作法：P93

遛狗小包

帅帅双面狗雨衣

一会儿是帅气的小军官、一会儿是调皮小野豹，雨天当雨衣、冬天当风衣，哇！我快要变成时尚男模了！

作法：P98

刷刷毛骨头垫

作法：P102

好命狗懒骨头床

哇哈哈！滚来滚去好舒服！
我可是拥有帝王般的待遇哦！
谁叫我是大大有名的好命狗呢！

作法：P100

幸福交换礼 37

普普风男用笔记本

作法：P89

作法：P106

彩色铅笔卷

从包包里率性地拿出来，"唰"一声！表现出我不凡的创意！

具有多重的收纳功能，还可以稳固地固定在行李拉杆上，能提，能收，不只是出差、旅游的好伴侣，也是给社会新鲜人最帅气实用的个性礼！

迷你电脑包

作法：P60

神奇袋中袋

里、外、前、后千变万化的各种收纳功能，换包包一袋提着走，再也不用担心丢三落四、漏这少那……

腰真瘦布腰带

作法：P71

作法：P63

拼布工具腰挂

裁缝师工作围裙

不只是围裙，还可以让你大显裁缝身手，就像个专业的理发师，利落有型！

作法：P108

作法：P104

多功能缝纫工具篮

最方便的随身工具篮，一次收纳所需的小工具。玩手作，再也不会把桌面弄得乱七八糟的了！

作法：P110

绿手指
园艺工具包

翻土、拔草、播种、灌溉，看到在我们的悉心照料下，很快就能开花结果、彩蝶飞舞美丽景象了！

作法：P111

爱心暖暖抱枕

大心包小心，利用编织做出满满的爱心抱枕，里面塞入可重复加热的暖暖包，就成了女生每个月的好朋友啦！

作法：P58

第**5**章

疯手作

这是一个很便宜、很阳光的拼布工作室……
疯手作就是从这里开始的！

贴布缝

可用上图两种密针缝压布脚进行贴布缝。

密针贴布缝

车缝技巧

1 将纸型的反面画于奇异衬的纸面上，粗裁剪下。

2 将胶面烫在配色布的背面。

3 将图形准确剪下。

4 撕掉奇异衬纸面。

5 烫在底布上。

6 底布下垫一张安定纸。

7 利用密针缝压布脚趾选取锯齿缝针趾花样 ≷，沿图形边缘车缝。

8 车缝后将底部背面安定纸撕下，可略喷水使其好撕。

9 完成。

A. 贴布缝时于底布下垫一张安定纸可避免密集车缝后图形底布扭曲变形。

B. 车缝时外侧布边需对齐锯齿针趾最外侧使针脚完整包覆布边。

C. 因机种不同，有疑问可联系缝纫机厂商，询问各种功能压布脚的特性与使用方法。

毛毯边缝

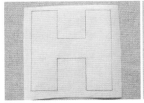

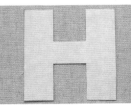

1 将纸型的反面画于奇异衬的纸面上，粗裁剪下。

2 将胶面烫在配色布的背面。

3 将图形准确剪下。

4 撕掉奇异衬纸面。

5 烫在底布上。

6 底布下垫一张安定纸。

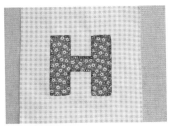

車縫時，毛毯边缝针趾外側需对齐布边使针脚完整包覆布边。

7 利用密针缝压布脚并选取毛毯边缝针趾花样 ⌐，沿图形边缘车缝。

8 车缝后将底部背面安定纸撕下，即可完成。

拼接

可用上图1/4直线缝份压布脚进行拼接。

布条第一次裁切时，务必要工整，才不会歪曲变形，因布料本身皆稍有弹性，在车缝送布时要小心，不要过度拉扯。

方型拼接

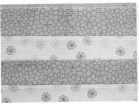

1 将裁好的布条正面相对，浅色在上，布边对齐1/4直线缝份压布脚导板边缘车缝。

2 将所有布条依序车缝拼接并整烫缝份。

3 依照所需宽度裁切。

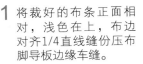

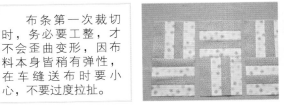

4 将布片依作品所需方向上下拼接。

5 最后左右接合在一起。

菱型拼接

 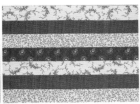  

1 利用1/4直线缝份压布脚车缝布条。

2 将布条依序拼接并整烫缝份。

3 60度斜角裁切布条。

4 转向并错位排列。

在拼接前可将菱形的点对点，以珠钉固定。

5 缝份对齐依序拼接。

6 整烫缝份即可完成。

装饰线

可用上图暗针缝压布脚进行装饰线车缝。

2 将布的折边靠齐压布脚板边缘，车缝装饰线。

装饰线除了直线之外也可以选择其他针趾花样，请参考缝纫机说明书换上相合之压布脚。

1 利用缝份尺沿纸张边缘划出0.5厘米、0.7厘米、1厘米线条，并调整弹簧与车针位置找出所需宽度。

拉链车缝

可利用上图两种拉链压布脚车缝拉链：（左）可调式拉链压布脚、（右）扣合式拉链压布脚。

4 完成。

1 将布片正面与拉链布条上端对齐，可利用水溶性双面胶固定。

0.7cm

布料

车缝处

2 利用可调式压布脚调整缝份宽度，沿边车缝0.7厘米。

3 翻回正面，利用扣合式拉链压布脚靠着拉链满槽边缘，调整宽度，沿布边车缝0.2厘米装饰线。

车上0.2厘米装饰线，可让正面的布更加平整，拉链在使用上也会较滑顺。

压线

1 可利用上图三种压布脚进行压线：（左）均匀送布压布脚、（中）前开式曲线压布脚、（右）曲线压布脚。

2 辅棉种类：A.日本化纤辅棉、B.美国纯棉、C.美国羊毛辅棉、D.美国蚕丝辅棉。

直线压线

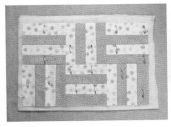

压线可沿表布拼接处作直线落针压，或自行设计划线做直线或针趾花盘变化、双针变化压线。

1 利用安全别针从中心往外将表布与辅棉固定，间隔约一个手掌宽。

2 压线由作品中央往外压，保持同方向以避免作品变形。

自由曲线压线

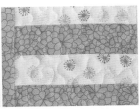

1 此为送布齿上升。

2 需将送布齿下降（请参考缝纫机说明书操作）。

3 以双手稳定推送布料，进行各种弧度的压线。

4 可自行设计压线花样变化。

皮革压布脚

2 可于车缝皮革、人造皮革、防水布等摩擦力较大的特殊布料时使用，车缝较为顺畅且不留压脚痕迹。

1 脚底有特制塑胶贴片，减少布料通过时的阻力与摩擦力。

五金工具

鸡眼扣

工具

打洞器、鸡眼工具、底座、鸡眼扣A、底部固定圈a。

1 于作品上记号位置利用打洞器打洞。

2 将鸡眼扣A从作品正面套入。

3 于作品背面套上固定圈a。

4 A面朝下置于底座上。

5 将鸡眼工具穿入扣眼，以铁锤用力垂直敲打。

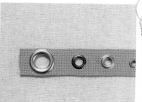

6 完成。

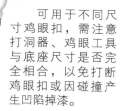

可用于不同尺寸鸡眼扣，需注意打洞器、鸡眼工具与底座尺寸是否完全相合，以免打断鸡眼扣或因碰撞产生凹陷掉漆。

铆钉固定扣

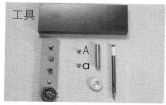

工具

打洞器、铆钉专用铳子、底座、铆钉组（公扣A、母扣a）。

1 于作品上记号位置利用打洞器打洞。

2 将铆钉扣A从作品正面套入。

3 于作品背面套上铆钉扣a。

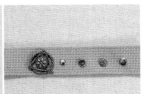

4 A面朝下置于底座上。

5 将铆钉专用铳子压于 a 上，以铁锤用力垂直敲打。

6 完成。

可用于不同尺寸、造型的铆钉扣，作为固定或装饰用。需注意打洞器、铆钉工具与底座尺寸是否完全相合，以免因碰撞产生凹陷掉漆。

五爪四合扣

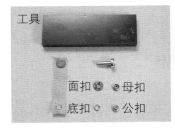

工具

面扣　●母扣
底扣　公扣

五爪四合扣专用铳子、面扣、母扣、底扣、公扣。

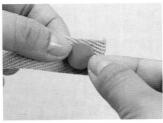

1 将面扣五爪穿过作品。

2 另一面将母扣套上。

3 将四合扣专用铳子压于母扣上，以铁锤用力垂直敲打。

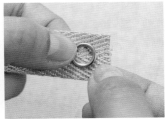

4 将底扣穿入作品。

5 另一面套上公扣，同步骤3将四合扣专用铳子压于公扣上，以铁锤用力垂直敲打即可完成。

作品步骤示范

奶瓶袋

材料

- 表袋身①5x25厘米、表袋身②17x25厘米、直径8厘米圆x2片（皆烫厚布衬）
- 保温锡箔袋身15x25厘米、袋身②17x25厘米、直径8厘米圆x2片
- 拉链挡布5x1厘米x2片（烫厚布衬）
- 2厘米宽人字织带提把9厘米x1条、24厘米x1条
- 五爪四合扣1组，20厘米拉链1条

作法

 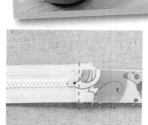

1 表袋身与锡箔里袋身①、②两侧相接成筒状。

2 将拉链挡布正面相对，中间放入拉链，右侧对齐拉链尾端0.7厘米车合固定。

3 翻回正面沿折边0.2厘米车缝装饰线。

  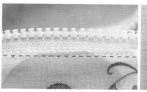

4 拉链挡布左侧作法亦同。

5 将里外袋盖正面相对置于拉链前后，与拉链上缘对齐，车0.7厘米接合。

6 翻回正面沿折边0.2厘米车缝装饰线。

7 袋身作法同步骤5与6。

 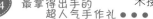

8 里外袋盖与里外袋底背面相对疏缝，并于袋盖表布固定人字织带。

9 将袋盖、袋底分别与袋身车合。

10 将袋盖、袋底分别与袋身车合缝份处以人字织带滚边。

11 织袋尾端先折入2厘米再折2厘米后，装上五爪四合扣，即可完成。

尿布包

材料

- 表袋身26.5x19厘米x2片、表袋盖18x13厘米（皆烫厚布衬）
- 里袋身26.5x19厘米x2片、里袋盖18x13厘米（皆烫厚布衬）
- 2.5厘米宽织带40厘米、皮片四合扣1组

作法

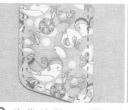

1 依照纸型一正一反画出两片袋盖。袋盖正面相对，沿边车缝一圈，留上侧开口不车，弧度处修剪牙口。

2 将袋盖翻回正面，沿车合边0.2厘米车缝装饰线。

3 表袋身正面相对，左下右车缝一圈。

4 打底角5厘米，修剪多余缝份。里袋身作法亦同，一侧须留返口。

5 表袋身翻回正面，将袋盖与织带其中一端固定在表袋身上。

6 将正面朝外的表袋身套入正面朝内的里袋身中，沿袋口车缝一圈。

7 由返口将袋身翻出。

8 沿袋口0.2厘米车缝装饰线。

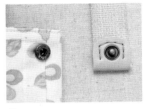

9 织带另一端与侧身打上皮片四合扣，即可完成。

奶嘴套

材料

- 表袋身10x8厘米x2片、表侧身23x3厘米、表袋盖7x7厘米（皆烫厚布衬）
- 里袋身10x8厘米x2片、里侧身23x3厘米、里袋盖7x7厘米（皆烫厚布衬）
- 小铆钉磁扣2组、五爪四合扣1组、2厘米宽人字织带10厘米、30厘米各一条

作法

1 依照纸型一正一反制作袋盖。将袋盖正面相对车合，留上方开口不车，修剪牙口。

2 将袋盖翻回正面，沿车合边0.2厘米车缝装饰线。

3 将表侧身与表袋身接合，弧度处修剪牙口。

4 里袋身作法亦同，一侧需留返口。

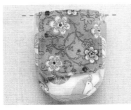

5 将表袋身翻回正面，袋盖固定在表袋身上。

6 将2条人字织带分别对折，沿四周0.2厘米车缝装饰线。

7 将人字织袋固定在表侧身两侧。

8 将正面朝外的表袋身套入正面朝内的里袋身中，袋口车合一圈。

9 由返口将袋身翻回正面。

10 袋盖与袋身打上固定磁扣、织袋尾端装上五爪四合扣，即可完成。

作品步骤示范

爱心暖暖抱枕

材料

- 三色布条各3厘米x30厘米x12条
- 荷叶边布条12厘米x135厘米（不烫衬）、后背布35厘米x35厘米（烫洋裁衬）、蕾丝135厘米
- 可重覆加热暖暖包1个

作法

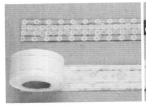

1 将轨道衬烫于三色布条背面。

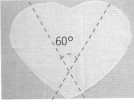

2 将两侧缝份往内折烫。

3 依照纸型粗裁薄布衬一片，需先画好60°对齐线，胶面朝上。

先将三色布条沿同一方向对齐60°对齐线排列于薄布衬上。

5 再依序将布条由另一60°对齐线一上一下穿入。

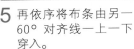

6 调整布条缝隙至紧密排列，并检查图案是否皆为完整心形。

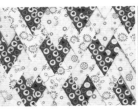

7 无误后将布条烫于薄布衬上。

8 翻回背面修剪多余缝份。

9 依纸型制作后背布，下上两片交叠处对折再对折，车缝装饰线固定。

10 将上后背布叠于下后背布之上，重叠处疏缝固定。

11 荷叶边布条依45°线接合边条成一圈。

12 将边条上下对折折边朝下，上端沿布边0.3厘米车缝蕾丝。

13 将缝纫机上线张力与针距皆调到最大，沿布边0.5厘米车缝一圈，使荷叶边布条呈现皱折。

14 将荷叶边布条平均固定在表布周围。

15 将后背布与表布正面相对，四周车缝一圈，修剪牙口。

16 翻回正面，塞入暖暖包，即可完成。

作品步骤示范

迷你电脑包

材料

- 表袋身：前后表布30x24厘米x2片、表侧身180x2厘米、表侧身225.5x3厘米、拉链80厘米x1条、3毫米腊绳110厘米x2条、2.5厘米宽斜布条110厘米x2条

- 里袋身：前后里布30x24厘米x2片、里侧身180x2厘米、表侧身225.5x3厘米、2厘米人字织带x110厘米x2条

- 前片外口袋：袋盖29x14厘米、袋身表布50x17厘米、袋身里布50x17厘米、五爪四合扣2组

- 后片外口袋：网状布16.5x30厘米、口袋表布18.5x30厘米、口袋里布18.5x30厘米、罗纹织带30厘米x2条、拉链25厘米x2条、拉链挡布1x2.5厘米x8片

- 提把1对、2厘米宽人字织带3.2厘米x4条、1厘米宽松紧带25厘米x2条、安全插扣1对、麂皮绳15厘米x2条

作法

1 按需要画出表布前后片，再分别与辅棉、纸衬三层重叠，四周大针疏缝一圈。

2 前片口袋袋盖正面相对上下对折两侧车缝固定，转角处修剪牙口。

3 翻回正面沿左下右边0.2厘米及1厘米车缝装饰线。

4 前片口袋表布、里布正面相对车合上侧，翻回正面沿折边0.2厘米车缝装饰线。

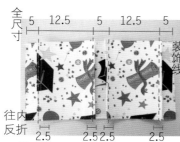

全尺寸

5　12.5　5　12.5　5

装饰线

往内反折

2.5　2.5 2.5　2.5

5 再沿5厘米-2.5厘米-12.5厘米-2.5厘米-5厘米-2.5厘米-12.5厘米-2.5厘米-5厘米折烫并沿折边0.2厘米车缝装饰线。

6 将前片口袋固定于表袋身上，并将前片口袋袋盖开口朝下车缝固定于前袋身表布上。

7 将袋盖折回，上缘沿布边0.2厘米及1.0厘米车缝固定。

8 于袋盖与袋身适当位置打上五爪式四合扣。

9 将两片拉链挡布正面对正面，车缝一边长边。

10 将拉链挡布套入拉链两端，将拉链挡片靠齐0.7厘米车缝线，两端车缝固定后翻回正面。

11 将罗纹织带对折，里面贴上水溶性双面胶带，前后包黏在网状布上侧后，将罗纹织带靠齐拉链齿边再黏于拉链下侧。

12 利用可调式拉链压布脚，沿边0.2厘米及0.7厘米车缝固定。

13 罗纹织带对折，里面贴上水溶性双面胶带后，包粘拉链与后外口袋表里布上侧，利用可调式拉链压布脚沿边0.2厘米车缝固定。

14 将后口袋下端依图示，依序表布→网状布→拉链→里布夹车下方拉链一侧。

15 翻回正面沿边0.2厘米车缝装饰线固定。

16 将下方拉链另一侧车缝在表袋身后片下侧记号处。

17 后口袋整个往上翻回正面后，左右与表袋身后片疏缝。

18 松紧带穿过安全插扣，固定在里袋身后片。

19 表侧身1与辅棉、纸衬疏缝后与里侧身1分别对齐侧身拉链，沿边0.7厘米车缝固定。

20 翻回正面沿边0.2厘米车缝装饰线。

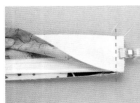

21 表侧身②与辅棉、纸衬疏缝后与里侧身②分别夹车拉链左右两端。

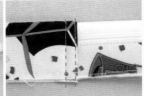

22 翻回正面沿边0.2厘米及0.7厘米车缝装饰线。

23 提把下端利用人字织带包边。

24 制作出芽（包边），于前后袋身表布各制作出芽一圈。

25 前后袋身表布车缝上提把后，分别与里袋身前后片背对背疏缝。

26 前后袋身表布分别与侧身接合。

27 利用人字织带包住缝份，进行车缝。

28 将麂皮绳穿过拉链孔打结，即可完成。

作品步骤示范
神奇袋中袋

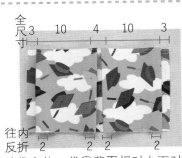

材料

- 袋身：表里袋身各21x17厘米x2片、表里侧身各6x17厘米x2片、表里袋底各21x6厘米x1片
- 表侧身口袋：表里依纸型x4片
- 挂钩布条2厘米x10厘米、D型环2个、问号钩2个、1厘米宽皮绳20厘米x2条、铆钉2组
- 表前袋身外口袋①38x24厘米②20厘米拉链1条、表里口袋布各21x14厘米x1片
- 表后袋身外口袋①罗纹织带21厘米、网状布21x12厘米 221x30厘米
- 里侧身口袋6x56厘米、2厘米宽罗纹织带12厘米
- 里前袋身口袋①29x24厘米、②20厘米拉链1条、表里口袋布各21厘米x14厘米x1片
- 里后袋身口袋38x24厘米、0.7厘米宽松紧带21厘米

作法

1 将表前袋身外口袋的表里口袋布，分别置于拉链前后，沿边0.7厘米车缝固定。

2 翻回正面，沿拉链布边0.2厘米车缝装饰线。

3 表前袋身外口袋①背面相对上下对折，沿折边0.3厘米、0.7厘米车缝装饰线，再沿3厘米-2厘米-10厘米-2厘米-4厘米-2厘米-10厘米-2厘米-3厘米折烫。

全尺寸 3　10　4　10　3

往内反折 2　2　2　2

4 将表前袋身外口袋中央车缝固定在表前袋身拉链口袋前片。

5 将拉链另一侧车缝固定于表袋身前片上，翻回重叠，四周大针疏缝一圈。

6 将罗纹织带对折，里面贴上水溶性双面胶带，前后包黏在网状布上侧后，沿下侧0.2厘米车缝装饰线固定。

7 表后袋身外口袋布2对折，沿折边0.3厘米、2.5厘米车缝装饰线。

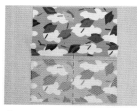 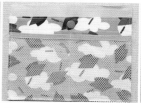  

8 将网状布置于外口袋布②前片，中央车缝分隔线固定。

9 将表后袋身外口袋固定在表袋身后片上，并装上五爪四合扣。

10 表侧身口袋正面相对，上方车缝固定。

11 翻回正面，沿折边0.2厘米、0.7厘米车缝装饰线。

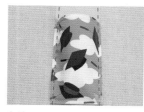  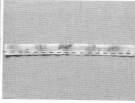 

12 将表侧身口袋以大针疏缝固定在表侧身上。

13 将两侧表侧身与表底布相接，缝份倒向表底，沿车合处往袋底0.2厘米、0.7厘米车缝装饰线。

14 挂钩布条长边正面相对对折车合。

15 翻回正面两侧沿边0.2厘米车缝装饰线。

16 挂钩布条取3.5厘米(含缝份)2条分别穿过D型环；皮绳穿过问号钩以铆钉扣固定。

17 将挂钩布条与皮绳分别固定在表袋身前片与后片。

18 组合表侧身与表袋身前片。

19 组合表侧身与表袋身后片。

20 里侧身口袋布依照7厘米-5.5厘米-7厘米-5.5厘米-7厘米-5.5厘米-7厘米-11.5厘米折烫，山折折边沿边0.2厘米车缝装饰线。

21 四周大针疏缝一圈固定在里侧身上。

22 罗纹织带依身所需宽度车缝固定在里侧身上。

23 将两侧里侧身与里底布相接，缝份倒向表底，沿车合处往袋底0.2厘米、0.7厘米车缝装饰线。

24 里后袋身口袋背面相对上下对折，沿折边车缝1.2厘米松紧带轨道。

25 将松紧带穿入轨道，两侧车缝固定。

26 将里后袋身口袋与里袋身后片中央车缝分隔线固定，下端打摺并大针疏缝固定。

27 里前袋身口袋2表里布分别置于拉链前后，上缘布边对齐，沿边车缝0.7厘米固定。

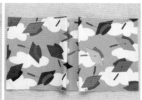

28 翻回正片，沿拉链布边0.2厘米车缝装饰线。

29 里前袋身口袋1背面相对上下对折，沿折边0.2厘米、0.7厘米车缝装饰线，再将袋身依10.5厘米-2厘米-4厘米-2厘米-10.5厘米折烫。

30 置于拉链袋身前片上，中央车缝固定。

31 将拉链另一侧车缝固定在里袋身前片上，翻回将袋身重叠，四周大针疏缝一圈。

返口

32 将里侧身与里袋前片组合。

33 将里侧身与里袋后片组合，一侧需留返口。

34 里袋身翻回正面。

35 套入正面朝内的表袋身中，袋口车合一圈。

36 由返口翻回正面，袋口沿边车缝0.2厘米装饰线固定，即可完成。

爱的脚丫丫——男娃娃

材料 法兰绒半码（1码＝0.9144米）

作法

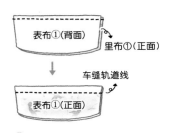

① 表布①与里布①正面相对，上方车合，翻回正面沿边1.5厘米车一道轨道线。

② 将松紧带穿入轨道并固定两侧。

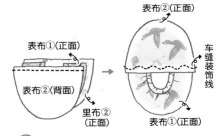

③ 表布②与里布②正面相对，夹表布①，翻回正面车缝装饰线。

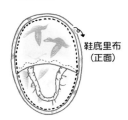

④ 表布①与表布②依图示疏缝固定于鞋底里布。

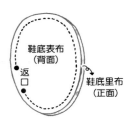

⑤ 鞋底表布与里布正面相对车合一圈，需留返口。

⑥ 由返口翻出鞋身，缝合返口，即可完成。

爱的脚丫丫——女娃娃

材料 法兰绒半码、鸡眼扣4对、鞋带50厘米x2条

作法

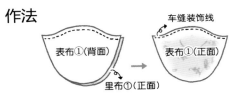 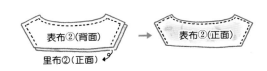

① 表布①与里布①正面相对，上方车
合，翻回正面车缝装饰线。

② 表布②与里布②正面相对，上方车
合，翻回正面车缝装饰线。

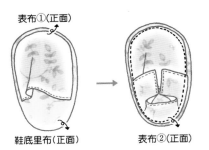 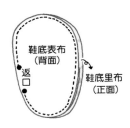 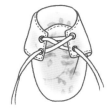

③ 表布①与表布②依图示疏缝
固定于鞋底里布。

④ 鞋底表布与里布正面相对
车合一圈，需留返口。

⑤ 由返口翻出鞋身，缝合返
口，依图示打鸡眼扣、穿
鞋带，即可完成。

双面防水围兜兜

材料

● 表布：45厘米x45厘米、表口袋：25厘米x15厘米
● 底布：45厘米x45厘米、底口袋：10厘米x10厘米
● 魔鬼毡：2.5厘米x3厘米

作法

① 依照纸型画于防水布背面，剪下表布、底布各一片。

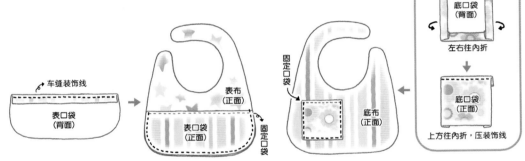

② 制作表、底口袋，分别固定于表布与底布上。

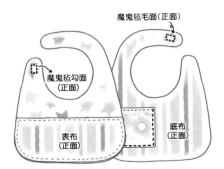

③ 于记号处车上魔鬼毡。

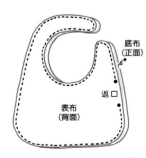

④ 将表布、底布正面相对，车合一圈，需留返口。

⑤ 由返口将围兜兜翻出，沿边0.2厘米车缝装饰线固定，即可完成。♥

防缺嘴餐垫

材料
表布、底布60厘米x60厘米各一片

作法

① 依照纸型画于防水布背面，剪下表布、底布各一片。

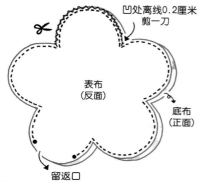

凹处离线0.2厘米
剪一刀

表布
（反面）

底布
（正面）

留返口

② 将表布、底布正面相对，车合一圈，需留返口，圆弧处修剪牙口。

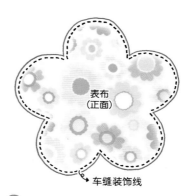

表布
（正面）

车缝装饰线

③ 由返口将餐垫翻出，沿边0.2厘米车缝装饰线固定，即可完成。

腰真瘦布腰带

材料

配色布依拼接所需各约半尺，腰带扣1个或圆型环2个

作法

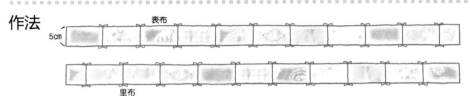

表布

5cm

里布

① 裁切布条后，将布条依图示拼接成表布与里布各一片。

5cm

烫轨道衬

表布/里布（反面）

② 整烫缝份后，于表、里布背面分别烫上轨道衬。

往内折烫

表布/里布（正面）

③ 参考p.58轨道衬使用方法，将布条两侧及头尾往内折烫。

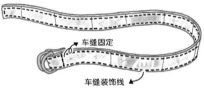

车缝固定

车缝装饰线

④ 表布、里布背面相对，沿边0.2厘米车缝一圈装饰线，套入腰带扣车缝固定，即可完成。

呷饱饱围兜兜

材料

表布、底布依纸型正反各一片、辅棉尺寸略大于纸型；人字织带共100厘米

作法

① 表布拼接之后，依照纸型裁下。

② 表布(正面朝上) + 辅棉 + 底布 (正面朝下)，三层压线。

③ 依照纸型修剪多余辅棉，以人字织袋滚边即可完成。

④ 两侧帽角疏缝固定，即可完成。

小神童认字布书

材料

- 书：表布与底布12厘米x54厘米（视可得之图案布决定）各1片、水兵带（一种辅料，装饰用）10厘米，纽扣1颗
- 袋：表布15厘米x30厘米、里布15厘米x30厘米、袋盖10厘米x22厘米、背带8厘米x90厘米

作法

【书】

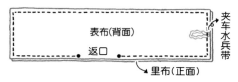

① 将表布、里布正面相对，夹车水兵带四周车合一圈，一侧需留返口。

② 由返口翻出正面，沿边0.2厘米车缝装饰线。

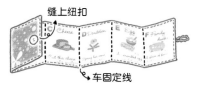

③ 于每页书折处折叠整烫后，各车一道固定线，于适当位置缝上纽扣，即可完成。

【袋】

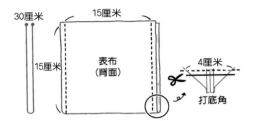

30厘米
15厘米
15厘米
表布
（背面）
4厘米
打底角

① 表布正面相对上下对折，左右车合，打底角4厘米，翻回正面。

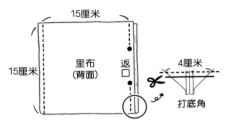

15厘米
15厘米
里布
（背面）
返
口
4厘米
打底角

② 里布正面相对上下对折，左右车合，一侧需留返口，打底角4厘米。

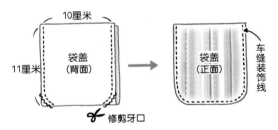

10厘米
11厘米
袋盖
（背面）
修剪牙口
袋盖
（正面）
车缝装饰线

③ 袋盖正面相对上下对折，左右车合，修剪弧度与牙口后翻回正面，沿边车缝装饰线固定。

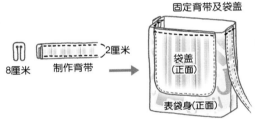

固定背带及袋盖
8厘米
2厘米
制作背带
袋盖
（正面）
表袋身（正面）

④ 将袋盖固定在表袋身袋口上，并利用四折法制作背带，固定在表袋身两侧。

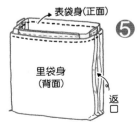

表袋身（正面）
里袋身
（背面）
返
口

⑤ 表袋身正面朝外套入正面朝内的里袋身内，袋口车合一圈。

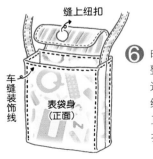

缝上纽扣
车缝装饰线
表袋身
（正面）

⑥ 由返口将袋身翻出，整烫后沿袋口及四边车缝装饰线固定，缝合返口，于表袋身正面适当位置缝上纽扣，即可完成。

小超人包巾

材料

- **主体**：表布4色配色布与边框各半码、棉布85厘米x85厘米、底布90厘米x90厘米、滚边斜布条8厘米x330厘米

- **帽兜（等腰直角三角形）**：表布35厘米x35厘米、棉布40厘米x40厘米、底布45厘米x45厘米、滚边斜布条6厘米x130厘米

作法

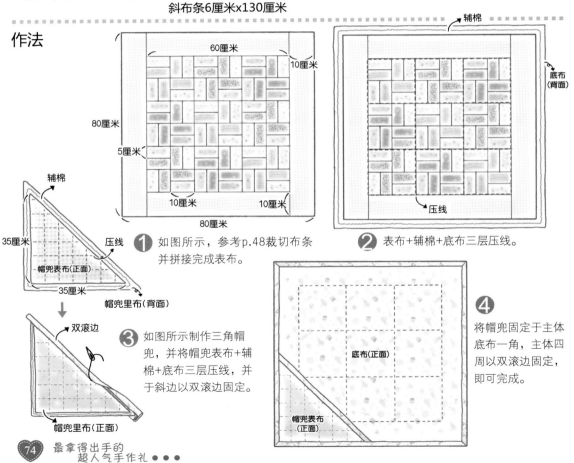

① 如图所示，参考p.48裁切布条并拼接完成表布。

② 表布+辅棉+底布三层压线。

③ 如图所示制作三角帽兜，并将帽兜表布+辅棉+底布三层压线，并于斜边以双滚边固定。

④ 将帽兜固定于主体底布一角，主体四周以双滚边固定，即可完成。

兔子手摇铃

材料
棉布1尺、丝棉适量、圆形握环1个、绣线30厘米、铃铛数颗

作法

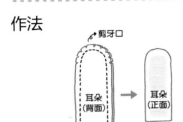

① 依耳朵纸型车缝制作两只耳朵，耳朵下方不车，弧度处剪牙口，由下方开口翻回正面。

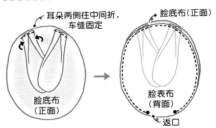

② 依脸部纸型裁出两片圆形布片，并将耳朵疏缝固定于一片圆形布片上方之后，两片圆形布正面相对车缝一圈，于下端留返口，翻回正面。

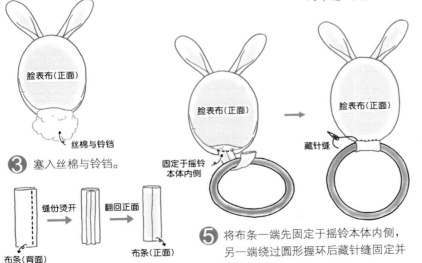

③ 塞入丝棉与铃铛。

④ 依图示制作管状固定布条。

⑤ 将布条一端先固定于摇铃本体内侧，另一端绕过圆形握环后藏针缝固定并缝合返口。

⑥ 利用绣线于摇铃正面缝出眼鼻口，即可完成。

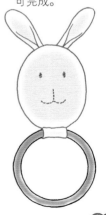

神力女超人妈妈袋

材料

- 表袋身40厘米x30厘米x2片、表侧身16厘米x30厘米x2片（皆烫厚布衬）、袋底皮片40厘米x16厘米
- 表侧身口袋16厘米x30厘米x2片、前口袋①40厘米x40厘米、前口袋②40厘米x50厘米（皆烫薄布衬）
- 拉链口袋布：26厘米x40厘米（烫洋裁衬）
- 里袋身40厘米x30厘米x2片、里袋底40厘米x16厘米、里侧身8厘米x30厘米x4片（皆烫厚布衬）
- 内口袋：55厘米x40厘米x2片（烫洋裁衬）
- 里袋分隔布：40厘米x50厘米
- 滚边斜布条：6厘米x120厘米
- 20厘米塑铜拉链1条、松紧带40厘米x2条、厚纸衬40厘米x25厘米x2片
- 大鸡眼扣4组、皮把1对、中鸡眼扣1组、小鸡眼扣1组

作法

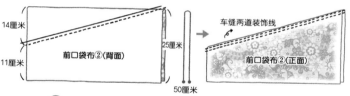

① 前口袋布①对折，沿折边0.3厘米及1厘米各车缝一道装饰线固定。

② 前口袋布②对折后，如图所示车缝，修剪多余布料，翻回正面沿车合边0.3厘米及1厘米各车缝一道装饰线固定。

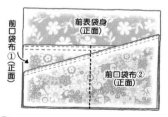

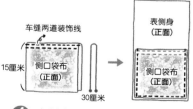

③ 将前口袋①、②固定在前表袋身上，中央车缝分隔线固定。

④ 表侧身口袋布对折，沿折边0.3厘米及1厘米各车缝一道装饰线固定，并疏缝固定于表侧身上。

⑤ 于后表袋身制作20厘米拉链口袋。

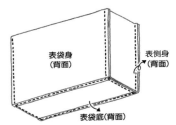

⑥ 将前后表袋身与表袋底接合，再与表侧身接合。

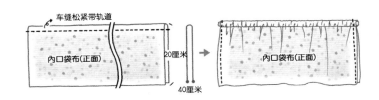

车缝松紧带轨道

内口袋布（正面）

20厘米

40厘米

内口袋布（正面）

⑦ 内口袋布对折，离折边1.5厘米车缝松紧带轨道，穿入松紧带，松紧带头尾两侧与内口袋布布边车缝固定，完成两个。

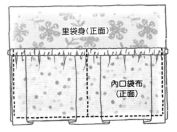

里袋身（正面）

内口袋布（正面）

⑧ 将两个内口袋分别固定于前后里袋身上，中央车缝分隔线固定，口袋底依图示打折后与袋身疏缝固定。

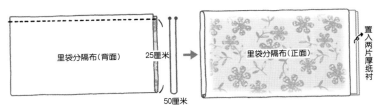

里袋分隔布（背面）

25厘米

50厘米

里袋分隔布（正面）

置入两片厚纸衬

⑨ 将里袋分隔布正面相对上下对折，车缝上方形成筒状，翻回正面，缝份处为下缘，将两片厚纸衬重叠置入分隔布中。

车缝装饰线固定

里袋分隔布（正面）

⑩ 厚纸衬与分隔布整烫固定之后上下两侧沿布边0.3厘米及1厘米各车缝一道装饰线固定，完成分隔板。

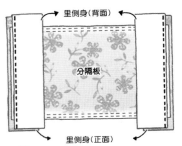

里侧身（背面）

分隔板

里侧身（正面）

⑪ 里侧身如图所示将分隔板置中夹车。

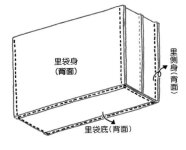

里袋身（背面）

里侧身（背面）

里袋底（背面）

⑫ 将前后里袋身与里底布接合，再与连接分隔板的里侧身接合。

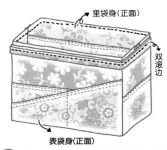

里袋身（正面）

双滚边

表袋身（正面）

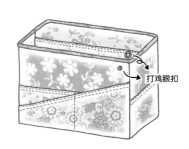

打鸡眼扣

⑬ 将正面朝内的里袋套于正面朝外的表袋身中，袋口双滚边固定。

⑭ 于里袋分隔板适当位置打上中鸡眼扣、于前口袋适当位置打上小鸡眼扣，以作为吊挂功能。

⑮ 于表布适当位置打上4组大鸡眼扣，穿上皮把，即可完成。

可收纳充气尿布垫

材料

- 表布①30厘米x60厘米、表布②15厘米x60厘米x3片、表布③（后片）60厘米x75厘米（皆烫洋裁衬）
- 里布：60厘米x150厘米（烫洋裁衬）
- 悬挂带：3.5厘米x17厘米x2片
- 收纳袋表布：25厘米x55厘米
- 收纳袋里布：25厘米x55厘米（皆烫洋裁衬）
- 五爪四合扣4对、装饰刺绣贴片1片

作法

① 依照图示组合表布前片。

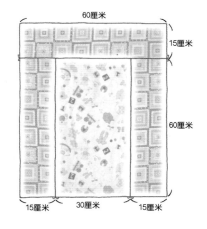

60厘米

15厘米

60厘米

15厘米 30厘米 15厘米

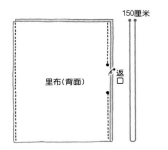

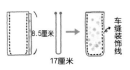

车缝装饰线

④ 悬挂带正面相对上下
对折，依图示车缝，
修剪牙口，由底部将
悬挂带翻出，沿布边
车缝装饰线。

② 表布前片与后片正面相
对左上右车合一圈，翻
回正面。

③ 里布正面相对上下对折，车合
左右两侧，一侧需留返口。

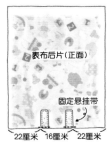

⑤ 将悬挂带固定于表布
记号处。

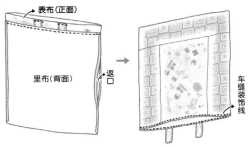

⑥ 表布正面朝外套入正面朝内的里袋中，袋口
车合一圈，由返口将袋身翻出，沿袋口车缝
装饰线，缝合返口。

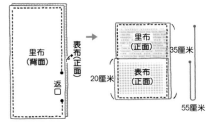

⑦ 将收纳袋表布、里布正面相对，四周车合一圈需
留一返口，由返口将袋身翻出，如图所示折叠，
并于四周车缝0.2厘米装饰线并固定袋身。

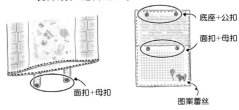

底座+公扣

面扣+母扣

面扣+母扣

图案蕾丝

⑧ 如图所示装上五爪四合扣，并烫上图案蕾丝
即可完成。

无敌铁金刚爸爸袋

材料

- 表布40厘米x65厘米、外口袋40厘米x30厘米
- 里布①40厘米x55厘米、里布②40厘米x5厘米x2片、内口袋20厘米x70厘米
- 背袋20厘米x80厘米、罗纹织带12厘米、木扣1个

作法

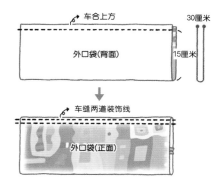

1 外口袋正面相对上下对折，车合上方形成筒状，翻回正面整烫，上端沿折边0.3厘米及1厘米各车缝一道装饰线。

3 表布正面相对上下对折，左右车合，打底角5厘米，翻回正面。

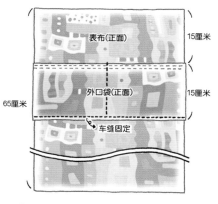

2 将外口袋布如图所示，下端沿布边0.2厘米车缝固定于表布上，中央车缝分隔线。

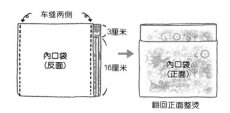

4 内口袋布如图所示制作悬挂式口袋。

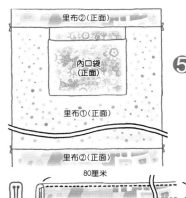

5 如图所示接合里布②、①、②，需将悬挂式口袋置中夹车于一端里布①、②中央。

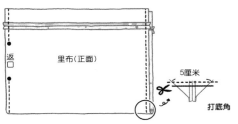

6 里布正面相对上下对折左右车合，一侧需留返口，打底角5厘米。

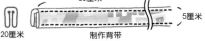

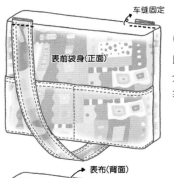

7 以四折法制作背袋，分别将两端固定于表袋身前后对角位置。

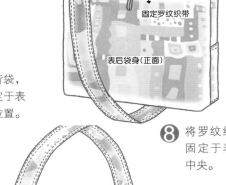

8 将罗纹织带对折固定于表后袋身中央。

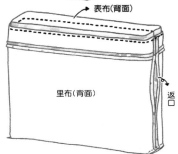

9 将表袋身正面朝外套入正面朝内的里袋身中，袋口车合一圈，由返口翻回正面。

10 袋口沿布边0.3厘米及1厘米各车缝一道装饰线，前袋身缝上木扣，缝合返口，即可完成。

春满伊甸盆栽套

(一) 圆底

材料

- 表布底：直径10厘米圆形
- 里布底：直径10厘米圆形
- 表侧身：8厘米x31.5厘米（皆烫洋裁衬）
- 表侧身：8厘米x31.5厘米（皆烫洋裁衬）

作法

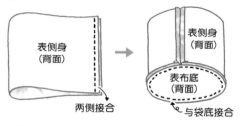

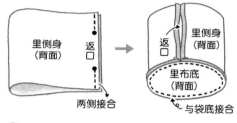

1 将表侧身两侧接合，再与表布底接合，翻回正面。

2 里侧身两侧接合，需留一返口，再与里布底接合。

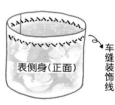

3 将正面朝外的表袋身套入正面朝内的里袋身，袋口车合一圈，由返口翻回正面。

4 整烫后沿袋口利用花盘变化车缝装饰线，缝合返口，即可完成。

(二) 松紧带

材料

- 表布底：直径10厘米圆形
- 表侧身：13厘米x31.5厘米（皆烫洋裁衬）
- 里布底：直径10厘米圆形
- 表侧身：13厘米x31.5厘米（皆烫洋裁衬）
- 布条3厘米x33厘米、3厘米宽轨道衬33厘米、1厘米宽松紧带25厘米

作法

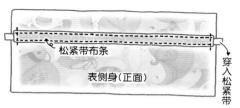

① 参考P.58轨道衬使用方法制作松紧带布条，将布条固定于表侧身，穿入松紧带后两侧固定。

② 其余同盆栽套(一)作法。

(三) 方底

材料

- 表布：20厘米x32厘米（皆烫洋裁衬）
- 里布：20厘米x32厘米（皆烫洋裁衬）

作法

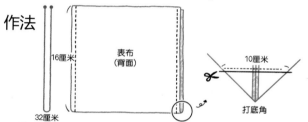

① 表布正面相对上下对折车合两侧，打底角10厘米，翻回正面。

② 里布正面相对上下对折车合两侧，一侧需留返口，打底角10厘米。

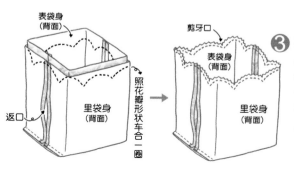

③ 将正面朝外的表袋身套入正面朝内的里袋身，袋口依照花瓣形状车合一圈，修剪多余缝份并于弧度处剪牙口，由返口翻回正面。

④ 整烫后沿袋口车装饰线，缝合返口，即可完成。

"蝶蝶" 不休布告栏

材料

- 表布①40厘米x25厘米、表布②40厘米x35厘米、表布③6厘米x35厘米x3片
- 底布：40厘米x60厘米
- 软木板：25厘米x20厘米、珍珠板或保丽龙板：40厘米x60厘米
- 装饰蕾丝或挂饰数个、鸡眼扣2组、铆钉2组、悬挂皮绳40厘米

作法

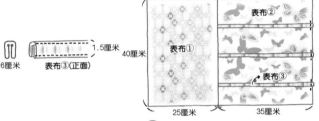

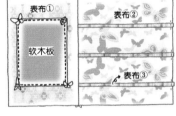

① 表布③以四折法制作挂条。

② 将表布①、②依图示拼接，并夹车挂条。

③ 于适当位置车上软木板，并缝上装饰铁片蕾丝片。

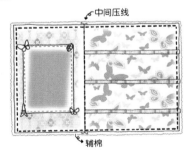

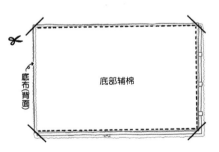

④ 将接合好的表布固定在辅棉上，底布亦同。

⑤ 将底布与表布正面相对，车合上右下三侧，留左侧返口，修剪四角。

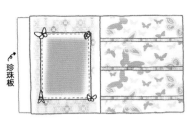

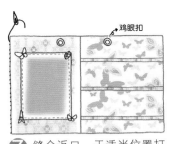

⑥ 将表布翻出，整烫后由返口置入珍珠板。

⑦ 缝合返口，于适当位置打上鸡眼扣。

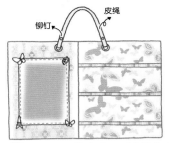

⑧ 穿入悬挂皮绳，以铆钉固定，即可完成。

花朵脚踏垫

材料

- 表布：12色配色布各1尺
- 底布：60厘米x60厘米
- 辅棉：60厘米x60厘米
- 滚边斜布条：8厘米x300厘米
- 止滑垫：60厘米x60厘米

作法

① 参考p.49作法制作菱形拼接表布。

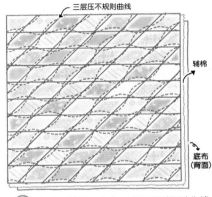

② 表布+辅棉+底布三层压不规则曲线。

③ 利用纸型修剪辅棉完成之踏垫与防滑垫。

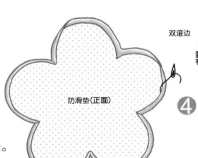

④ 将防滑垫颗粒朝外疏缝固定于底布之下，以双滚边固定，即可完成。

不乱丢摇控器收纳挂

材料

- 表布①40厘米x110厘米、表布②30厘米x40厘米、表布③20厘米x15厘米、表布④20厘米x25厘米
- 滚边斜布条①6厘米x90厘米、滚边斜布条②6厘米x310厘米
- 底布：40厘米x110厘米
- 止滑垫：28厘米x110厘米

作法

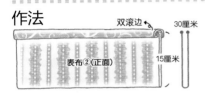

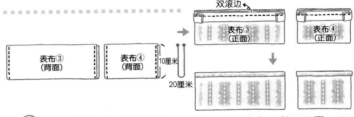

① 将表布②背面相对上下对折，布边以滚边斜布条①双滚边。

② 将表布③与④正面相对上下对折，左右车合，翻回正面，开口置于上方，以滚边斜布条①双滚边，滚边尾端需收尾藏入。

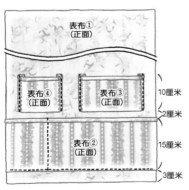

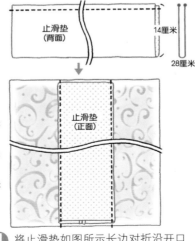

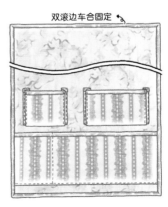

③ 将表布②、③、④如图所示固定于表布①上。

④ 将止滑垫如图所示长边对折沿开口车合，翻回正面将车缝线置于下方，固定在底布中央。

⑤ 将表布与里布背面相对，四周以滚边斜布条②双滚边车合固定，即可完成。

毛巾浴巾踏垫组

材料

配色布各1尺、踏垫配色布半码

作法

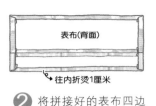

表布(背面)

往内折烫1厘米

① 将表布依图示拼接、整烫缝份。

② 将拼接好的表布四边往内折烫1厘米。

毛巾

车缝装饰线固定

③ 利用珠针或水溶性双面胶固定在毛巾上，沿边0.2厘米车缝装饰线固定即可完成。

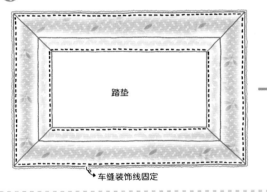

踏垫

车缝装饰线固定

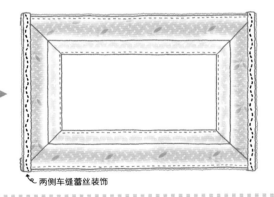

两侧车缝蕾丝装饰

生日挂饰

材料

表布、里布依纸型各13片；配色布10厘米x10厘米x13片；人字织带共400厘米

作法

① 参考p.46技巧示范，在表布贴缝英文字母。

② 将表布与里布背面相对，左下右端以人字织带包边车缝固定。

③ 将字母依序排列，上端以人字织带包边串连车缝固定，即可完成。

衣橱精灵衣架挂

材料

- 表布48厘米x45厘米x2片、里布48厘米x45厘米x2片（皆烫厚布衬）
- 挂带8厘米x48厘米、口袋①24厘米x48厘米、口袋②30厘米x64厘米（皆烫洋裁衬）
- 人字织带20厘米x2条、滚边斜布条6厘米x180厘米

作法

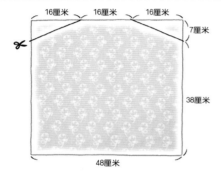

① 依图示裁剪表布与里布。

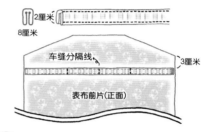

② 以四折法制作挂带，上下两侧皆沿布边0.2厘米车缝装饰线后，固定在表布前片上，并车缝分隔线。

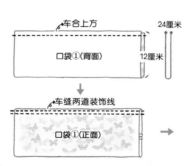

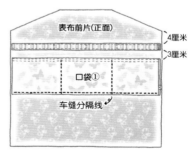

③ 口袋①正面相对上下对折车缝长边形成筒状，翻回正面上端沿布边0.2厘米及1厘米各车缝一道缝装饰线，置于表布前片上，下端沿布边0.2厘米车缝固定于表布前片，并车缝口袋分隔线。

最拿得出手的
超人气手作礼 ● ● ●

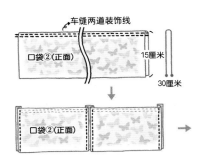

④ 口袋②背面相对上下对折，沿折边0.2厘米及1厘米各车缝一道装饰线，依图示打折，折边皆沿边0.2厘米车缝装饰线，固定于表布前片上。

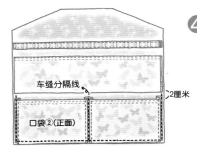

普普风男用笔记本

材料

- 表布、里布：依照笔记本尺寸计算（皆烫洋裁衬）
- 蓝色万花筒款：皮片5厘米x5厘米／绿橘色普普风款：鸡眼扣大中小共约20颗

作法

① 如图所示折叠整烫里布与折耳布。

② 蓝色万花筒款将皮片背面相对对折固定于表布适当位置。

③ 将表布正面向下，置于正面朝上折烫好的里布之上，四周车合一圈，修剪四角，需于下侧留一返口。

④ 由返口翻回正面，并将折耳翻出整烫，缝合返口。

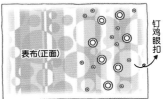

⑤ 绿橘色普普风款于适当位置打上各式鸡眼扣作为装饰。

反光小折包

材料

- 袋盖：表布①35厘米x20厘米、表布②35厘米x40厘米、里布35厘米x30厘米、底布35厘米x30厘米、拉链35厘米、反光贴条5色各30厘米、2.5厘米宽织带10厘米x2条、塑胶安全扣1组

- 袋身前片一字口袋：①35厘米x30厘米、②15厘米x20厘米、反光贴条70厘米、罗纹织带5厘米x2条、问号钩1个、D型环1个

- 袋身前片拉链口袋：口袋布①35厘米x10厘米、口袋布②35厘米x40厘米、里布35厘米x25厘米、拉链35厘米

- 袋身：表布后片35厘米x25厘米、表侧身10厘米x85厘米、里布前片35厘米x25厘米、里布后片35厘米x25厘米、里侧身10厘米x85厘米（皆烫厚布衬）、内口袋布依个人所需准备

- 鸡眼扣2组、可调式侧背带1条

作法

【袋盖】

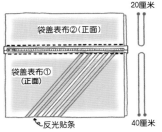

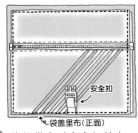

① 袋盖表布①、②对折，于适当位置贴上反光贴条，将折边固定在拉链两侧，沿折边0.2厘米车缝装饰线固定。

② 将织带穿过安全扣其中一边并固定在表布底端中央，并将袋盖前片固定在里布上。

③ 将袋盖底布与袋盖前片正面相对，画出下方圆角，左下右三周车缝一圈固定，圆弧处修剪牙口，由上方开口翻回正面，沿边0.2厘米车缝装饰线。

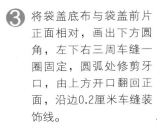

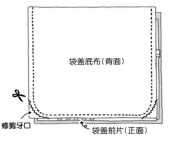

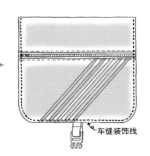

【袋身前片口袋】

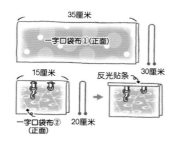

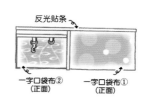

① 将两片一字口袋布分别背面相对对折，将罗纹织带穿过问号钩与D型环固定在一字口袋布②袋口，再将反光贴条贴于折边上。

② 将一字口袋布②置于一字口袋布①上，右侧边贴上反光贴条，再将反光贴条贴于一字口袋布①袋口折边。

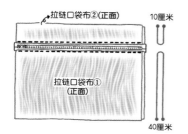

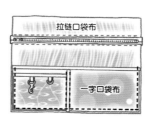

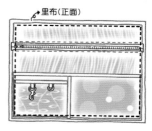

③ 将前片拉链口袋布①、②对折，将折边固定在拉链上下两侧，沿折边0.2厘米车缝装饰线固定。

④ 将一字口袋置于拉链口袋上，沿一字口袋①侧边车缝固定线。

⑤ 将拉链口袋置于正面朝上的里布之上，四周疏缝一圈。

【组合袋身】

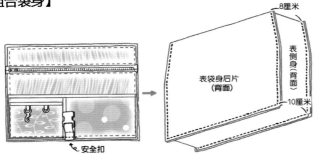 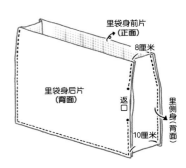

① 将织带穿过安全扣另一边固定在表袋身前片底端中央，将表袋身前后片与表侧身接合，翻回正面。

② 依个人需求制作内口袋，将里布前后片与里侧身接合，一侧需留返口。

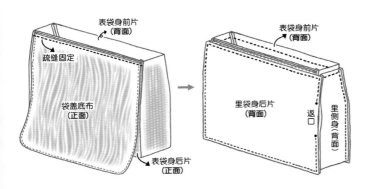 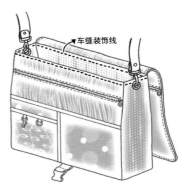

③ 将袋盖固定于表袋身上，将正面朝外的表袋身套入正面朝内的里袋身中，袋口车合一圈，由返口将袋身翻回正面。

④ 沿袋口0.2厘米车缝装饰线，缝合返口，打上鸡眼扣，挂上背带，即可完成。

散步去项圈拉绳

狗项圈

材料
布条：6厘米x60厘米（烫洋裁衬）、塑胶安全扣环1对、日型环1个、D型环1个

作法

6厘米 ← 车缝装饰线　　　1.5厘米

1 布条以四分法对折，两侧沿布边0.2厘米车缝装饰线固定。

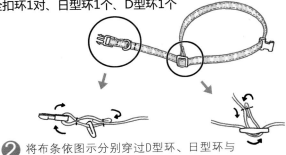

2 将布条依图示分别穿过D型环、日型环与安全扣环，并车缝固定尾端，即可完成。

拉绳

材料
布条：6厘米x160厘米（烫洋裁衬）、D型环1个、问号钩1个

作法

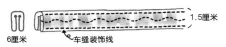

6厘米 ← 车缝装饰线　　　1.5厘米

1 布条以四分法对折，两侧沿布边0.2厘米车缝装饰线固定，布条中央再车一道曲线固定。

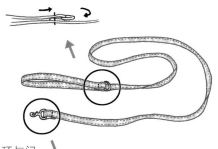

2 将布条依右图所示分别穿过D型环与问号钩，并车缝固定尾端，即可完成。

城市防水包

材料

- 表布：20厘米x30厘米x2片、表侧身①4.5厘米x30厘米x2片、表侧身②10厘米x70厘米、30厘米塑铜拉链1条
- 里布：20厘米x30厘米x2片、里侧身①4.5厘米x30厘米x2片、里侧身②10厘米x70厘米x1片、内口袋布依个人所需准备、内滚边4厘米x200厘米
- 表口袋：20厘米x40厘米、20厘米x20厘米、20厘米塑铜拉链1条
- 背带140厘米、D型环2个、固定扣4组

作法

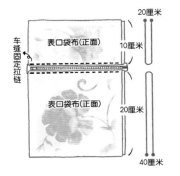

① 将两片表口袋布背面对背面对折，折边分别贴于拉链上下，沿边0.2厘米车缝装饰线与拉链固定。

② 将口袋布置于表布前片，四周疏缝固定。

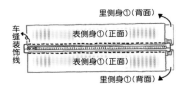

③ 将拉链置于表侧身①与里侧身①之间，取中心点与拉链布边对齐，车缝0.7厘米固定后翻回正面，沿折边0.2厘米车缝装饰线固定，完成拉链口布。

最拿得出手的
超人气手作礼 ● ● ●

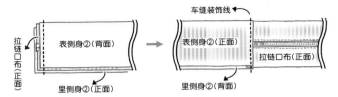

④ 将拉链口布置于表侧身②与里侧身②之间，两端与拉链口布布边对齐，车缝固定后翻回正面沿折边0.2厘米车缝装饰线固定。

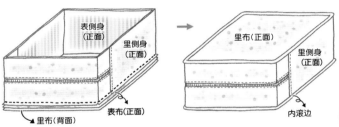

⑤ 将表布与里布背面对齐背面，与侧身接合后内滚边。

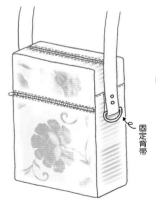

⑥ 将背带穿过D型环，依图示固定在侧身上，即可完成。

"巫婆" 遛狗包

材料

- 表布：40厘米x50厘米（烫厚布衬）
- 里布：40厘米x50厘米（烫厚布衬）
- 表口袋：40厘米x60厘米（烫薄布衬）
- 五爪四合扣2组、鸡眼扣4组、皮把1对

作法

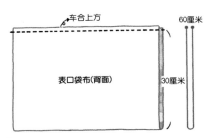

① 将表口袋布正面相对上下对折车合上方形成筒状。

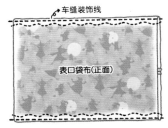

② 将表口袋布翻回正面，缝份烫开置于中央，上下折边以花盘车装饰线。

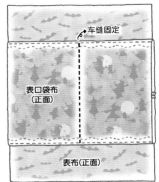

③ 将表口袋布置于表布中央（表口袋布缝份处朝下置于表布中央），中心车缝分隔线固定表布与表口袋布。

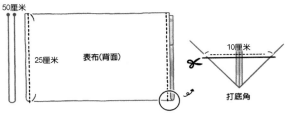

④ 将表布正面相对上下对折，左右车合，打底角10厘米，翻回正面。

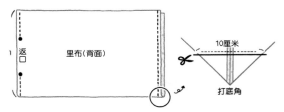

⑤ 将里布正面相对上下对折，左右车合，
　 一侧需留返口，打底角10厘米。

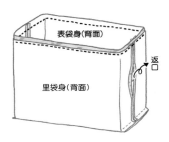

⑥ 将表袋身正面朝外套入正面朝内的里袋身
　 中，袋口车缝一圈，由返口翻回正面。

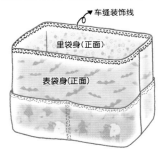

⑦ 整烫后于袋口利用花盘车缝装饰线
　 固定，缝合返口。

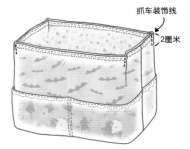

⑧ 袋身四边由外侧抓0.3厘米，由袋口往下
　 车2厘米装饰线固定。

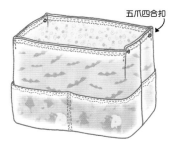

⑨ 依图示于侧身装上五爪四合扣。

⑩ 于适当位置打上鸡眼扣，穿入皮把，即
　 可完成。

遛狗小包

材料

- 表布：12厘米x30厘米、里布：12厘米x30厘米（皆烫洋裁衬）
- 罗纹织带：5厘米、拉链：12厘米、问号钩1个

作法

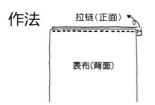

① 将表布上端正面贴齐拉链上端，车缝0.7厘米固定，表布下端作法亦同。

② 翻回正面沿拉链两侧车缝边0.2厘米车装饰线，翻回反面。

③ 将罗纹织带穿过问号钩，对折固定在表布适当位置，依图示左右车缝固定。

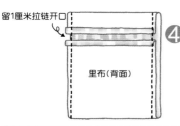

④ 里布短边缝份往背面折烫，依图示对折，中间需留1厘米拉链开口，左右车缝固定。

⑤ 将里袋翻回正面，套在正面朝内的外袋之外，拉链开口处以藏针缝固定，翻回正面即可完成。

帅帅双面狗雨衣

材料

- 表布与里布：各2尺（皆为尼龙布）
- 松紧带：30厘米、人字织带：30厘米、罗纹缎带：15厘米、魔鬼毡：3厘米
- 五爪四合扣1组、造型铆钉徽章1个

作法

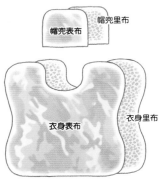

① 依照纸型分别剪下衣身与帽兜的表布与里布。

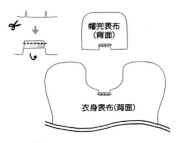

② 分别于颈背处修剪开口并车缝固定缝份。

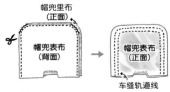

③ 帽兜依画线处车合，弧度处修剪牙口后翻回正面，再车2道轨道线。

固定松紧带

④ 将松紧带穿入轨道并固定两侧。

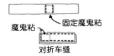

魔鬼粘　固定魔鬼粘
对折车缝

⑤ 依图示利用人字织带与魔鬼粘制作腹部固定带。

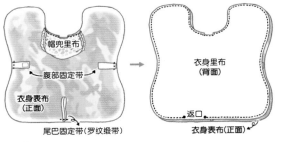

⑥ 将帽兜、腹部固定带、尾巴固定带固定于表布上，再与里布正面相对，四周车缝一圈，需留返口。

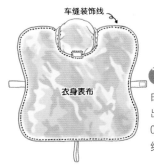

⑦ 由返口将雨衣翻出，整烫后沿边0.2厘米车缝装饰线固定。

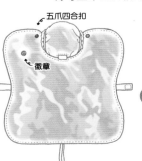

⑧ 于前胸适当位置别上五爪四合扣与徽章，即可完成。

好命狗懒骨头床

材料

- 表布：配色布15厘米x15厘米共12片、底布：60厘米x45厘米
- 表侧身：15厘米x60厘米x2片、15厘米x45厘米x2片
- 枕心胚布：表布与底布60厘米x45厘米各1片、侧身：15厘米x210厘米
- 出芽220厘米x2条、40厘米塑铜拉链x1条、填充PVC微粒适量

作法

表布(正面)

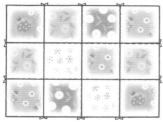

拉链(正面)

表侧身(正面)

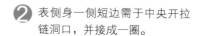

表侧身(正面)

表侧身(背面)

拉链(背面)

① 依图示将表布拼接，整烫缝份后烫洋裁衬，压装饰线。

② 表侧身一侧短边需于中央开拉链洞口，并接成一圈。

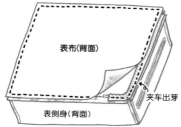

表布(背面)

夹车出芽

表侧身(背面)

③ 将出芽夹车于表布、表侧身中间。

④ 同步骤3接合表侧身与底布，由拉链洞口翻回正面。

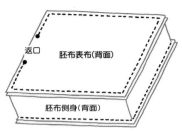

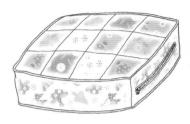

⑤ 利用胚布制作枕心，将里侧身与里表布、里底布接合，一侧需留返口。

⑥ 由返口翻回正面后，塞入塑胶微粒约九分满即可，缝合返口。

⑦ 将已填充的枕心塞入表袋身中即可完成。

刷刷毛骨头垫

材料

- 表布、3片素色布、胚布各1码
- 底布：1码
- 滚边斜布条：8厘米x250厘米

作法

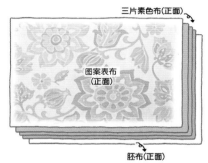

三片素色布(正面)

图案表布
(正面)

胚布(正面)

1 将图案表布、3片素色布、胚布依序相叠线。

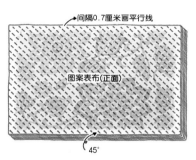

间隔0.7厘米画平行线

图案表布(正面)

45°

2 于中央画出一道45°线，左右分别每隔0.7厘米画出一道45°的平行线。

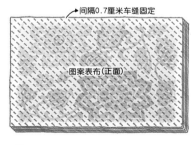

间隔0.7厘米车缝固定

图案表布(正面)

3 沿每道线车缝固定相叠的布片。

将四层布剪开

4 保留最底层胚布不剪，利用剪刀或专用裁刀沿两条车线中间将四层布剪开。

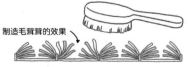

制造毛茸茸的效果

5 将整块布都剪开后，利用刷子左右轻刷（或丢进洗衣机拌洗再烘干），则可制造出毛茸茸的效果。

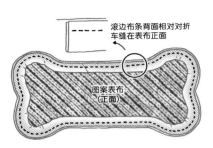

滚边布条背面相对对折
车缝在表布正面

图案表布
（正面）

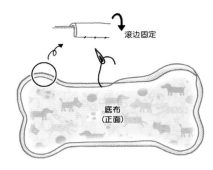

滚边固定

底布
（正面）

⑥ 修剪所需的形状与底布，背面相对以双滚边固定即可完成。

注：步骤2与3可参考p.48 1/4寸
压布脚使用方法，即可沿45°角
中央线平行车缝不需画线；或使
用均匀送布齿，便可平均推送多
层布。

裁缝师工作围裙

材料

- 表布①66厘米x30厘米、表布②66厘米x50厘米、表布③66厘米x35厘米（皆烫洋裁衬）
- 里布：66厘米x35厘米、腰带：200厘米x20厘米（皆烫洋裁衬）
- 扣带①10厘米x12厘米、扣带②6厘米x8厘米、蕾丝：68厘米x2条、木环1个、蕾丝字母1片

作法

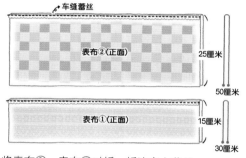

① 将表布①、表布②对折，折边车上蕾丝。

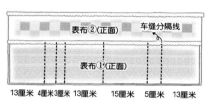

② 表布①开口向下固定于表布②上，并依图示车上分隔线。

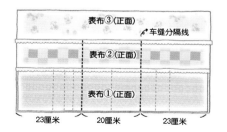

③ 表布②开口向下固定于表布③上，并依图示车上分隔线。

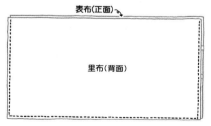

④ 将表布、里布正面相对，车合左下右三侧，由上方开口翻回正面。

5 以四折法制作扣带①，对折固定在表布上。

6 以四折法制作扣带②，套上木环，对折固定在表布上。

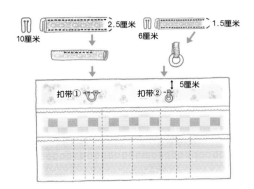

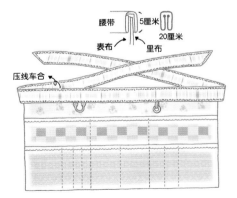

8 于裙角烫上蕾丝字母，即可完成。

7 以四折法制作腰带，将围裙裙身夹车于腰带中，上下两侧皆以花盘装饰线压线车合，腰带两端斜切45°收边。

彩色铅笔卷

材料

- 表布①12色布条各2.5厘米x18厘米、表布②30厘米x14厘米（皆烫洋裁衬）
- 底布：30厘米x18厘米（烫洋裁衬）
- 皮绳：20厘米x2条

作法

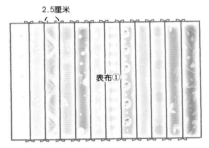

2.5厘米

表布①

1 将裁切好的12色布条拼接成表布①，整烫缝份后烫洋裁衬。

车缝装饰线

7厘米

表布②（正面）

14厘米

2 将表布②背面相对对折，沿折边0.2厘米车缝装饰线。

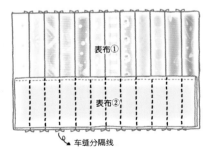

表布①

表布②

车缝分隔线

3 将表布②固定在表布①上，沿表布①拼接线在表布②上车缝分隔线。

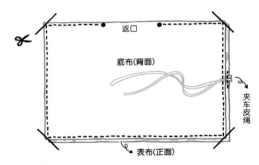

返口

底布（背面）

夹车皮绳

表布（正面）

4 在表布①上固定皮绳，与底布正面相对，四周车合一圈，一侧需留返口。

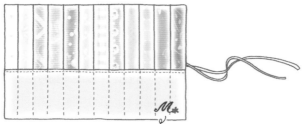

烫装饰字母

⑤ 由返口将作品翻回正面，整烫
后，缝合返口，烫上装饰字母，
即可完成。

拼布工具腰挂

材料

- 表布①15厘米x30厘米、表布②14.5厘米x30厘米、表布③14.5厘米x30厘米（皆烫洋裁衬）
- 里布①15厘米x30厘米、里布②14.5厘米x30厘米、里布③14.5厘米x30厘米（皆烫洋裁衬）
- 口袋表布、里布12厘米x12厘米各1片（皆烫洋裁衬）
- 问号钩2组、D型环2个、铆钉扣10组、2.5厘米宽安全扣环1组、内径2.5厘米宽日型环1个、2.5厘米宽织带100厘米、1厘米宽皮带8厘米x2条、4厘米x4条

作法

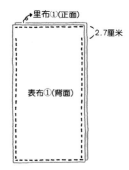

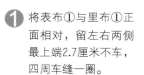

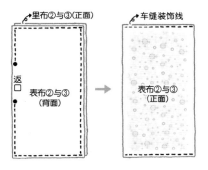

1 将表布①与里布①正面相对，留左右两侧最上端2.7厘米不车，四周车缝一圈。

2 修剪四角由未车合处将袋身翻出，上端沿布边0.2厘米车缝装饰线，下端往上对折8厘米，左右沿布边0.2厘米车缝装饰线固定。

3 表布②与里布②、表布③与里布③，正面相对四周车缝一圈，一侧需留返口，修剪四角由返口将袋身翻出，上下两端沿布边0.2厘米车缝装饰线。

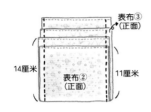

表布③
（正面）

14厘米   表布②   11厘米
（正面）

④ 将表布②由下端往上对折11厘米、表布③由下端往上对折14厘米，表布③套入表布②中，左右沿布边0.2厘米车缝装饰线固定。

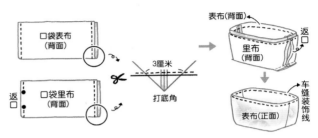

口袋表布
（背面）

口袋里布
（背面）

返口

3厘米

打底角

表布（背面）

返口

里布
（背面）

车缝装饰线

表布（正面）

⑤ 将口袋表里布分别正面相对上下对折左右车合，里布需留一返口，打底角3厘米，表布翻回正面，套入正面朝内的里布中，袋口车合一圈由返口翻回正面，缝合返口，袋口沿边0.2厘米车缝装饰线。

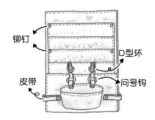

铆钉

D型环

皮带

问号钩

⑥ 将已固定好的表布②与表布③套入表布①当中，依图示利用皮带与铆钉扣固定袋身、D型环、问号钩与口袋。

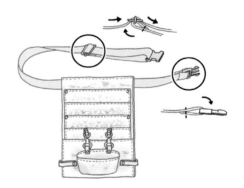

⑦ 将织带穿过袋身，并依图示穿过安全扣环与日型环车缝固定，即可完成。

多功能缝纫工具篮

材料

- 表侧身：60厘米x15厘米、表底布：15厘米x15厘米、表口袋：60厘米x18厘米（皆烫厚布衬）
- 里侧身：60厘米x15厘米、里底布：15厘米x15厘米、里口袋：60厘米x18厘米（皆烫厚布衬）
- 皮制提把：12厘米x2条、铆钉扣4组

作法

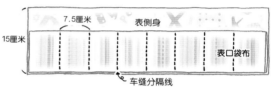

① 将表口袋布长边背面相对对折，沿折边车缝装饰线（可利用缝纫机花盘变化）。

② 将对折的表口袋布固定在表侧身，并于适当位置车缝分隔线。

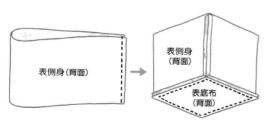

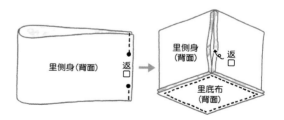

③ 将表侧身左右接成一圈，再与表底布接合，翻回正面。

④ 里袋作法同步骤1至3，一侧需留返口。

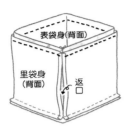

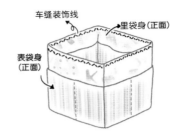

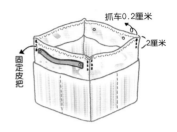

⑤ 将正面向外的表袋身套入正面向内的里袋身中，袋口车合一圈，由返口翻回正面。

⑥ 整烫后于袋口利用花盘变化车缝装饰线，并缝合返口。

⑦ 于袋身侧边转角处由外侧抓车0.2厘米使其立体，并于适当处利用铆钉扣固定皮把，即可完成。

绿手指园艺工具包

材料

- 表袋身：30厘米x20厘米x2片、表口袋：45厘米x20厘米x2片、表侧身：10厘米x20厘米x2片
- 表侧身口袋：15厘米x20厘米x2片、表袋底：30厘米x10厘米、袋口包边布条：120厘米x6厘米
- 表口袋滚边条：47厘米x4厘米x2条、表侧身口袋滚边条：17厘米x4厘米x2条
- 里袋身：30厘米x20厘米x2片、里侧身：10厘米x20厘米x2片、里袋底：30厘米x10厘米
- 提把一对

作法

① 将表口袋布如图所示对折，折边朝上。

② 利用四折法制作袋口包边布条，包车于口袋布折边上。

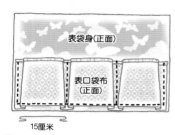

15厘米

③ 将表口袋布三等分固定于表袋身上。

④ 将表侧身口袋布依照步骤1与2，左右固定于表侧身上。

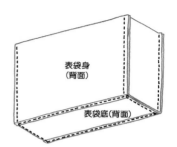

⑤ 先将表袋身前后片与表袋底接合，再将表侧身与表袋身、表袋底接合。

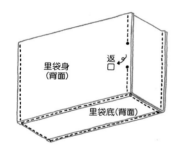

⑥ 依使用需求制作内口袋，同步骤5组合里袋身，一侧需留一返口。

⑦ 将提把固定于表袋身袋口适当处。表袋身正面朝外套入正面朝内的里袋身中，袋口车合一圈，由返口将袋身翻回。

⑧ 整烫后袋口车缝装饰线固定，缝合返口，袋身四边接合处由外侧抓车0.2厘米装饰线固定，使袋身立体，即可完成。

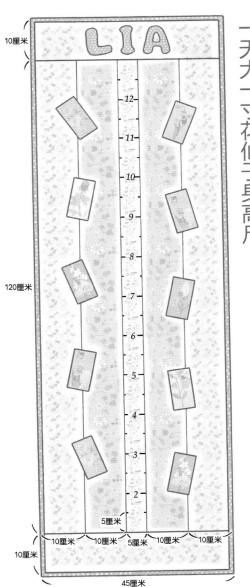

一天大一寸花仙子身高尺

OOXX游戏毯

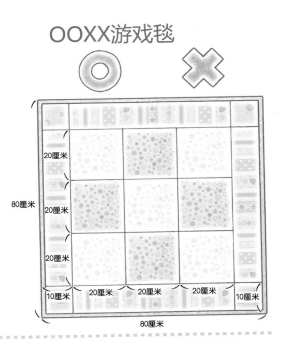

几何立体游戏毯

花园婴儿被

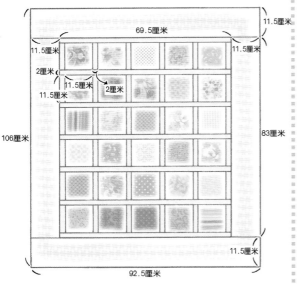

11.5厘米

69.5厘米

11.5厘米

11.5厘米

2厘米

11.5厘米

2厘米

11.5厘米

106厘米

83厘米

11.5厘米

92.5厘米

小赛车手婴儿被

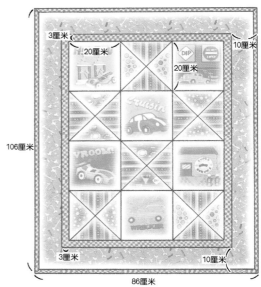

3厘米

10厘米

20厘米

20厘米

106厘米

3厘米

10厘米

86厘米

最拿得出手的
超人气手作礼 ● ● ●

悠闲好时光
——抱枕、沙发毯

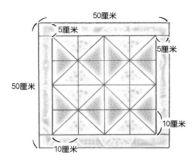

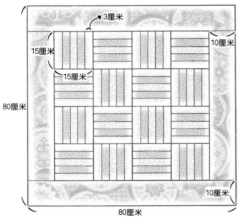

爱心脚踏垫

青春床组

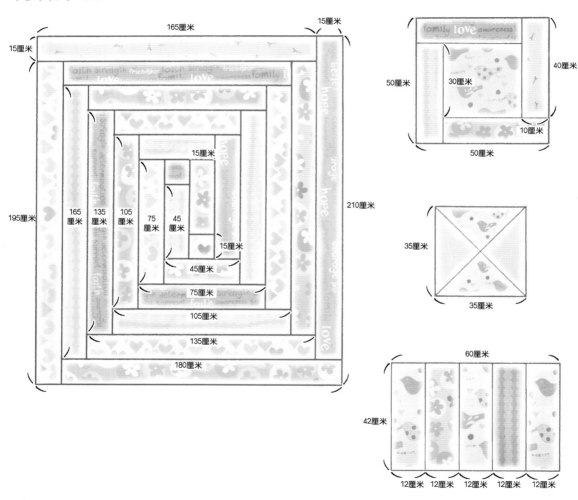

最拿得出手的
超人气手作礼 ● ● ●

逗趣小精灵娃娃帽-男

帽1

材料

- 表布、里布正反各一片
- 绑绳：30厘米x2条

作法

❶ 依形状将表布、里布正反各一片裁下。
❷ 表布正面相对，沿记号处车缝，于弧度处修剪牙口，翻回正面。
❸ 里布正面相对，沿记号处车缝，于弧度处修剪牙口。
❹ 将绑绳疏缝固定在表布两耳位置处。
❺ 将正面朝外的表布套入正面朝内的里布中，沿帽缘车缝一圈，一处需留返口。
❻ 于帽缘弧度处修剪牙口，由返口将帽身翻回正面，沿帽缘0.2厘米车缝装饰线，即可完成。

帽2

材料

- 表布、里布正反各一片
- 绑带：5厘米x45厘米x4片

作法

❶ 依纸型将表布、里布正反各一片裁下。
❷ 表布正面相对，车缝两侧，翻回正面。
❸ 里布正面相对，车缝两侧。
❹ 将绑带两两正面相对，车缝左下右三侧，修剪多余缝份，由上方开口翻回正面。
❺ 将绑带疏缝固定在表布两侧。
❻ 将正面朝外的表布套入正面朝内的里布中，沿帽缘车缝一圈，一处需留返口。
❼ 由返口将帽身翻回正面，沿帽缘0.2厘米车缝装饰线，即可完成。

逗趣小精灵娃娃帽-女

材料
- 表布、里布各25厘米x50厘米
- 蕾丝花片1片

作法
❶ 表布与里布分别正面相对上下对折车合两侧，里布一侧需留返口。
❷ 将正面朝外的表布套入正面朝内的里布中，开口车合一圈，由返口翻回正面。
❸ 沿帽缘0.2厘米、0.5厘米车缝装饰线缝合返口，将帽缘反摺，烫上蕾丝花片。
❹ 两侧帽角疏缝固定，即可完成。

乖乖放好16格卫浴挂

材料
- 表布：40厘米x105厘米、里布：40厘米x105厘米（皆烫厚布衬）
- 口袋：40厘米x60厘米x4片（烫薄布衬）、1.5厘米宽织带40厘米x4条、6厘米宽滚边斜布条300厘米、鸡眼扣2组

作法
❶ 口袋布背面相对上下对折，沿折边0.3厘米、1厘米以花盘针趾变化车缝装饰线。
❷ 底布取中央线，左右每隔10厘米作记号，平均分成10厘米-10厘米-10厘米-10厘米。
❸ 口袋布取中央线，左右每隔15厘米作记号，平均分成15厘米-15厘米-15厘米-15厘米。
❹ 取一口袋布折边朝上，袋底布边与表布下缘对齐。
❺ 左右二侧先与表布左右二边疏缝，再将口袋记号线与表布记号线对齐，车缝固定，分成四格。每格袋底左右二端平均打折后，与表布疏缝固定。
❻ 下一层袋口与上一层袋底间格5厘米，同步骤5车缝，共完成四层。
❼ 除最下层口袋外，其余三层袋底布边利用织带盖住，沿织带上下各0.2厘米车缝固定。

真品味CD挂袋

材料

- 表布15厘米x104厘米、底布15厘米x21厘米（已含缝份1厘米，皆烫洋裁衬）
- 鸡眼扣2组

作法

❶ 将表布正面朝上，依照11厘米（山折）-10厘米（谷折）-13厘米（山折）-10厘米（谷折）-13厘米（山折）-10厘米（谷折）-15（山折）厘米-22厘米（谷折）折烫，沿山折处0.2厘米车缝装饰线。

❷ 将底布与折烫好的表布正面相对，四周车合一圈，于上端留一返口。

❸ 修剪多余缝份，由返口将袋身翻出，沿边0.2厘米车缝装饰线，打上鸡眼扣，即可完成。

车用垃圾吊袋

材料

- 主袋身：表布前片20厘米x40厘米、后片20厘米x40厘米、里布20厘米x80厘米（皆烫洋裁衬）
- 前口袋：20厘米x40厘米（烫洋裁衬）
- 蕾丝共60厘米长、D型环2个、问号钩2个、铆钉扣4组、皮带①5厘米、皮带②5厘米、皮带③40厘米

作法

❶ 前口袋背面相对上下对折，折边车缝蕾丝装饰。

❷ 将前口袋布固定于表布前片，下端布边对齐。

❸ 表布后片与前面片正面相对，车合左下右三侧，翻回正面。

❹ 里布正面相对上下对折左右车合，一侧需留返口。

❺ 将正面朝外的表袋置于正面朝内的里袋中，袋口车合一圈，由返口将袋身翻回正面，于袋口车缝蕾丝装饰，缝合返口。

❻ 将皮带①、②分别穿过D型环，皮带两侧以铆钉扣固定于袋身后片上缘。

❼ 将皮带③两侧分别穿过问号钩，以铆钉扣固定，并将问号钩钩在D型环上，即可完成。